Corrección de distancia de proyección en atropellos urbanos a VMP, ciclos y ciclomotores.

© David Villarán Montes.

- Licenciado en Ciencias Químicas.
- Especialista profesional universitario en reconstrucción de accidentes de tráfico.
- Perito judicial en investigación y reconstrucción de accidentes de tráfico.
- Gestor de Movilidad.
- Policía Local en Andalucía.

Corrección de distancia de proyección en atropellos urbanos a VMP, ciclos y ciclomotores.

ISBN Libro en papel: 978-84-685-9152-0

ISBN eBook en PDF: 978-84-685-9153-7

Impreso en España

Editado por Bubok Publishing S.L

Es bastante habitual, en los atropellos en casco urbano a ciclos o VMP, que se utilice la distancia de proyección medida en el lugar del accidente y esta se utiliza directamente para una aproximación de los cálculos en un simple paralelismo con el caso de atropello a peatones.

No obstante, las energías cinéticas puestas en juego en las proyecciones al atropellar a una unidad de tráfico, VMP o ciclo, que transita a una velocidad notablemente superior a la del peatón hace necesario introducir una fórmula, una corrección, que tenga en cuenta dicha diferencia. Siendo está la aportación de este estudio: la corrección de la distancia de proyección en atropellos a VMP, ciclos o ciclomotores para poder aplicar correctamente el método de Appel-Searle corregido.

Para ello y tras un análisis de las principales energías que entran en juego se analizará y pondrá como ejemplo un caso real de atropello en casco urbano a un ciclo, donde se expondrá y justificará las modificaciones para el cálculo de la distancia de proyección, en un sistema básico de espacio euclídeo de dos dimensiones (ejes cartesianos).

"La ciencia siempre vale la pena,

porque sus descubrimientos,

tarde o temprano, siempre se aplican."

Severo Ochoa.

(Premio Nobel de Fisiología)

ÍNDICE

BLOQUE 2: Aplicación del conocimiento.

– BLOQUE 1: Conceptos científicos previos y necesarios.

A - Conceptos científicos previos y necesarios.

Pasaremos a tratar exclusivamente conceptos que sirvan de apoyo además de para los cálculos posteriores y para las definiciones, fórmulas o incluso ciertos conceptos científicos que serán de directa aplicación y servirán de base para entender los cálculos posteriores:

- Biomecánica.

Biomecánica se puede definir como el área de conocimientos que trata de describir los mecanismos traumáticos, explicando las lesiones producidas en el organismo humano, mediante la integración de diferentes disciplinas, entre otras: Epidemiología, Medicina, Física, Matemáticas, Químicas, Ingeniería, etc.

- Las tres leyes de Newton (dinámica clásica):

1.1. Primera ley de Newton o Principio de inercia, según la cual, todo cuerpo persevera en su estado de reposo o movimiento uniforme y rectilíneo en tanto que no sea obligado por fuerzas impresas a cambiar su estado.

1.2. Segunda ley de Newton o Principio de la masa o de la aceleración, la cual establece que el cambio de movimiento es proporcional a la fuerza que se aplica y se acelera en la misma dirección y sentido que la suma de las fuerzas que le son aplicadas, con un módulo que sería la resultante de las fuerzas aplicadas dividida entre la masa del cuerpo.

1.3. Tercera ley de Newton o Principio de acción y reacción, que dice que con toda acción ocurre siempre una reacción igual y contraria, o sea, las acciones mutuas de dos cuerpos siempre son iguales y dirigidas en direcciones opuestas.

- Ley de Hooke, la elasticidad.

La elasticidad es la capacidad que tienen los cuerpos o materiales de recobrar su forma y tamaño original cuando las fuerzas que actúan sobre él, deformándolo, dejan de hacerlo o se encuentran libres de esfuerzo (stress-free).

Muchos materiales poseen un comportamiento linealmente elástico que sigue la ley de Hooke, cuyo enunciado es el siguiente: Las deformaciones o cambios de volumen producidos en los cuerpos, son directamente proporcionales a las fuerzas o pares de fuerzas que los produjeron, siempre que no se rebase el límite de elasticidad (donde k es la constante elástica o muelle):

$$F = k \, \Delta l$$

Cuando se aplica una fuerza a un cuerpo, éste responde con una deformación directamente proporcional a la fuerza recibida.

Cuando se sobrepasa el límite elástico, y se suprime el esfuerzo aplicado, el material queda permanentemente deformado, esta situación se indica en el siguiente diagrama por medio de las flechas. Si se continúa aplicando fuerza se produce la rotura del material.

Al suprimir dicha fuerza, si se ha sobrepasado el límite elástico, el material vuelve a su longitud pero no ya la inicial, ya permanece una deformación. Esto significa que se ha absorbido energía, a este fenómeno se llama histéresis.

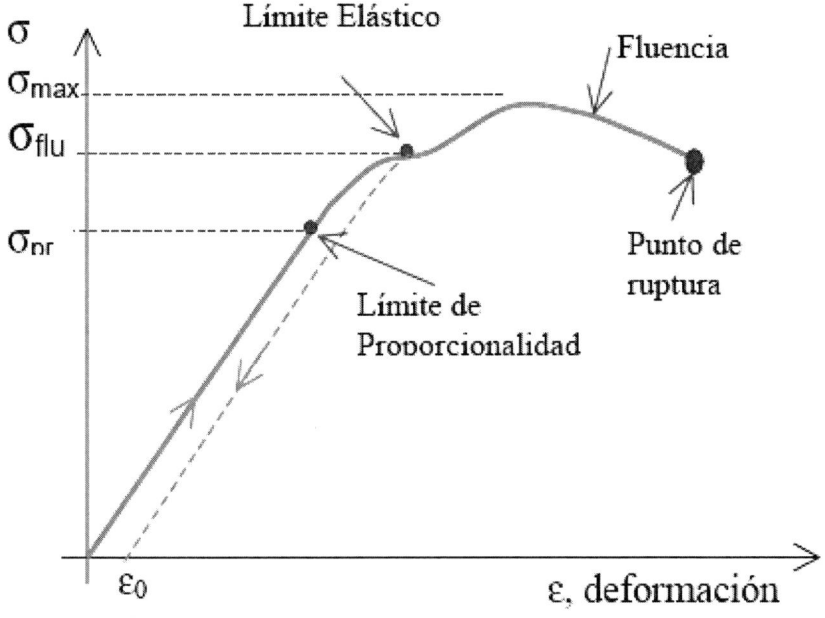

- La energía cinética.

Energía cinética es la energía que posee un cuerpo por desplazarse a una determinada velocidad. Es decir un objeto por el mero hecho de moverse a una determinada velocidad presenta una energía, que en el caso de los atropellos en casco urbano podemos traducir en que:

El vehículo en movimiento es capaz de producir un resultado, como por ejemplo el desplazamiento de otro vehículo o cuerpo, deformación propia o de otro cuerpo o elemento.

Científicamente esta energía cinética se define como la mitad del producto de la masa por la velocidad cuadrática del cuerpo que se mueve, y se expresa con la siguiente fórmula:

5

$$E_c = \tfrac{1}{2}\, m\, v^2$$

- La energía de rozamiento.

La podemos considerar microscópicamente como la interacción entre la superficie de dos cuerpos en contacto, depende de la fuerza normal o gravedad, por lo que depende de su masa. De tal modo que experimentalmente podemos diferenciar dos tipos de fuerza de rozamiento:

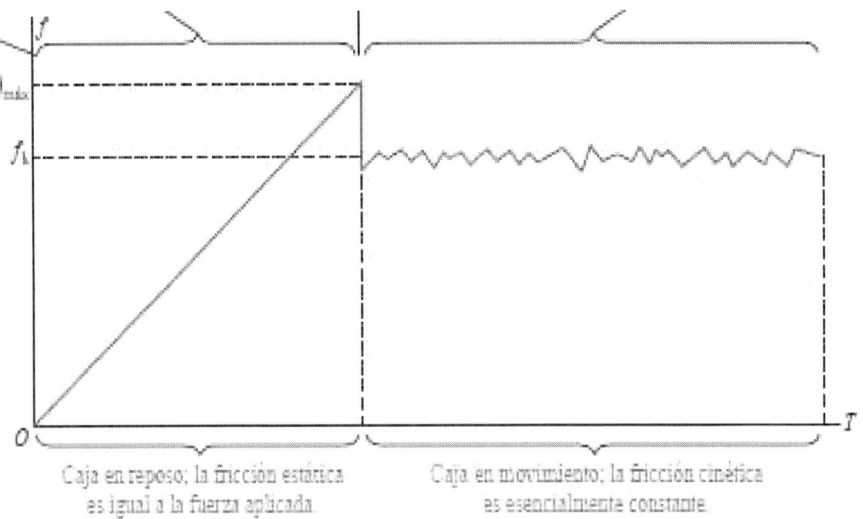

Caja en reposo; la fricción estática
es igual a la fuerza aplicada

Caja en movimiento; la fricción cinética
es esencialmente constante

La fuerza de rozamiento por la distancia recorrida es la energía:

$$E_r = F_r\, d = \mu\, m\, g\, d$$

El coeficiente de rozamiento es una variable adimensional (sin unidades) ya que relaciona numéricamente un par de fuerzas y es constante en el sistema que consideremos entre dos materiales concretos.

De hecho en la práctica de investigación de accidentes si se desea afinar mucho es posible calcularlo partiendo de una velocidad conocida y midiendo la distancia recorrida. Aunque en la práctica se recurre a datos tabulados y estimaciones muy utilizadas y pacíficamente aceptadas por los investigadores.

La relación entre ambas variables, energía cinética y energía de rozamiento, servirá para despejar variables desconocidas y realizando ciertas aproximaciones conocer, por ejemplo la velocidad de un vehículo que deja unas huellas sobre la calzada al frenar para intentar evitar un atropello.

- Relaciones trigonométricas.

En este punto trataremos las dos razones trigonométricas que nos interesan por ser de directa aplicación a la corrección de la distancia de proyección en atropellos urbanos a VMP, ciclos y ciclomotores y partiremos de:

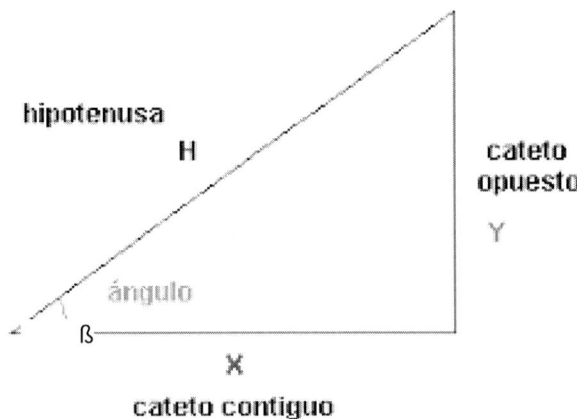

- Teorema de Pitágoras. En todo triángulo rectángulo el cuadrado de la hipotenusa es igual a la suma de los cuadrados de los catetos. Cuya ecuación es:

$$H^2 = X^2 + Y^2$$

(hipotenusa^2 = cateto contiguo^2 + cateto opuesto^2)

- Razones trigonométricas clásicas.

  - sen ß = Y/H

    seno ß = cateto opuesto / hipotenusa

- cos ß = X/H

coseno ß = cateto contiguo / hipotenusa

- tg ß = Y/X

tangente ß = cateto opuesto / cateto contiguo

- Velocidad como magnitud.

Se define velocidad de un objeto como espacio que ha recorrido en un tiempo determinado.

$$v = D / t$$

Por lo que cuando en este trabajo cuando hablemos de velocidad, distancia o tiempo lo haremos de forma que conociendo dos de las variables podríamos conocer la que nos queda en una simple ecuación matemática.

B. Atropellos.

Este tipo de siniestros viales son especialmente relevantes en zonas urbanas, donde se produce el mayor número de fallecidos y heridos graves. Las estadísticas de los últimos años no reflejan un descenso anual, como ocurre en otra tipología de siniestros viales, por el contrario muestran que nos encontramos en un ascenso[1], una situación que podríamos describir como mantenida a lo largo de los últimos años. Y es que quizás hay mucho trabajo que realizar, las campañas de tráfico históricamente no han versado sobre accidentes o atropellos en vías urbanas.

Un atropello es un accidente de circulación ocurrido entre un vehículo y una persona que por lo general no es conductor, aunque también se puede considerar atropello cuando la diferencia de masas entre vehículos es grande, como por ejemplo un accidente entre un turismo, una bicicleta[2] o conductor de VMP.

- Biomecánica de atropellos.

Para realizar la reconstrucción técnica de un atropello a un peatón, o simplemente para estimar adecuadamente las velocidades de impacto de una unidad de tráfico en un accidente por atropello, es fundamental conocer el desarrollo biomecánico, es decir la secuencia de eventos que sufre el peatón a lo largo de la evolución completa del accidente.

---

[1]   Ver revista digital de DGT nº 241 de 2017. En: https://revista.dgt.es/revista/num241/mobile/index.html#p=8

[2]   Pedestrian and Cyclist Impact: A Biomechanical Perspective. Ciaran Simms, Denis Wood. ISBN: 968-90-481-2742-9. Springer 2009.

Tomando como criterio definidor de la clasificación la localización del punto de contacto entre el peatón y el vehículo, Simms y Wood[14] consideraron que existen, fundamentalmente, dos categorías de atropello: por un lado, tendríamos las colisiones con los laterales del vehículo (sideswipes), y por otro lado las colisiones con el frontal del vehículo (Frontal Collisions). Esta última los autores la subdividen en tres diferentes tipos en función de la localización del centro de gravedad (CdG) o centro de masas que consideremos en relación a la diferencia de altura con el vehículo que atropella. Aspecto que abordaremos y trataremos más adelante.

Por otro lado en EEUU, en California, la Corporación para la Investigación en Seguridad (Safety Research Corporation, TSR) realizó un Estudio de las Causas de Lesión de los Peatones (Pedestrian Injury Causation Study, PICS), con el objetivo de desarrollar las bases medico-ingenieriles fundamentales que sirvan de base para nuevos estudios multidisciplinares para profundizar en la investigación sobre la seguridad vial.

Los datos fueron obtenidos a partir del estudio en profundidad de 460 atropellos a peatones. De toda la información disponible en el estudio se puede extraer la distribución de la frecuencia de impacto y área de contacto en el vehículo se representa en la figura abajo insertada.

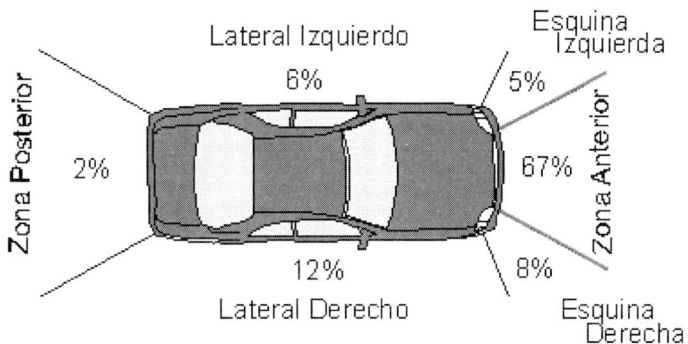

Por tanto el dato que resulta de especial relevancia para la Policía Local es que aproximadamente el 80% de los atropellos, el atropellado entra en contacto con la parte delantera del vehículo.

Hecho que junto a las velocidades a las que con muy alta frecuencia se producen los atropellos en casco urbano nos delimita y acota la forma en que vamos a abordarlos para su estudio y cálculos de velocidades.

Escala AIS (Abbreviatted Injury Scale).

La zona corporal afectada, así como la gravedad de la lesión producida guarda una estrecha relación con la velocidad a la que se produce el atropello. La escala AIS sirve de igual modo al investigador para acotar la tipología de accidente en la que nos encontramos.

En la siguiente imagen se refleja la trayectoria de la cabeza de un atropellado en función de la velocidad de la unidad de tráfico que esta involucrada en el accidente.

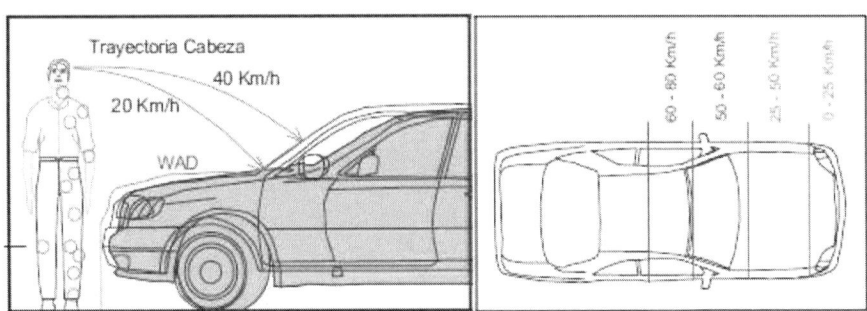

- Tipología de atropellos.

Por su evolución, desde el punto de vista del cuerpo del peatón, y sin entrar en cifras, datos o evolución de su número[3], podemos considerar de forma muy general la existencia de seis tipos de atropellos:

Momento de un atropello a peatón

1º) Transporte: Estos atropellos suelen producirse a una velocidad aproximada a los 30 Km/h, pues la cabeza no suele llegar a golpear el parabrisas por debajo de los 30 Km/h. (Salvo en elevaciones de los centros de masas de las unidades atropelladas como un VMP o ciclo).

Este tipo de atropello se produce cuando el vehículo está en proceso de frenada, golpeando el peatón el capó; la distancia de transporte del peatón dependerá del tipo de la geometría del vehículo, y finaliza cuando el cuerpo del peatón se desliza sobre el capó aproximándose al lateral y cayendo al pavimento, en cuyo instante el peatón suele rodar o arrastrar por el suelo.

---

[3]Proyecto Europeo DaCoTa. Ven en https://www.dacota-project.eu/

Posición 1   Posición 2   Posición 3   Posición 4

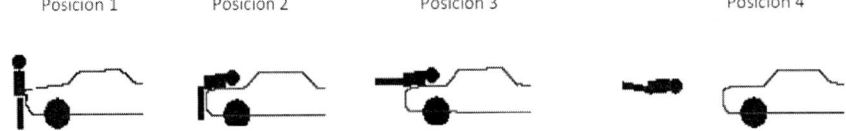

2º) Proyección: Este tipo de atropello, ocurre cuando el centro de gravedad del peatón se encuentra por debajo del ataque del frente del vehículo. Estamos en el caso concreto de atropellos en los que la unidad de tráfico involucrada es una furgoneta, vehículo 4x4, autobús, camión, etc. Aunque también es posible encontrar esta tipología de atropellos a niños o personas de baja estatura atropelladas por turismos de frentes relativamente altos.

El peatón saldrá lanzado adquiriendo la velocidad y dirección del vehículo, y si éste está frenando se detendrá antes del punto de posición final del peatón.

Posición 1   Posición 2   Posición 3   Posición 4

3º) Volteo simple: Se produce este tipo de atropello cuando el centro de gravedad del peatón se encuentra por encima del frente de ataque del vehículo y próximo a la posición final en que quedaría el vehículo. El peatón sufrirá una elevación, se apoyará sobre el capó y caerá por el costado del vehículo.

4º) Volteo completo: Similar al anterior, si bien difiere en que debido a la velocidad, relativamente elevada, llevada por el vehículo y a su propia geometría, el peatón después de golpear contra el capó, puede golpear el

14

parabrisas y sufrir una elevación tal que el vehículo pasa por debajo de la posición elevada del peatón.

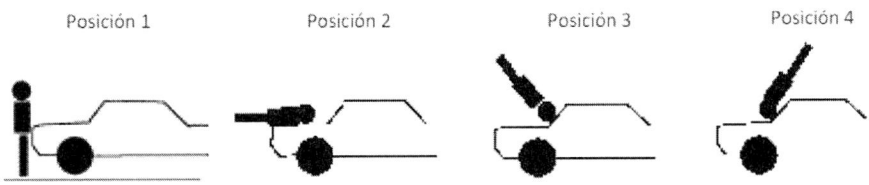

Posición 1   Posición 2   Posición 3   Posición 4

5º) Aplastamiento: Este tipo de atropello se produce normalmente cuando un vehículo se sale de la vía y antes de chocar contra un obstáculo fijo o móvil, atropella a una persona, produciéndose su aplastamiento contra el citado objeto; en este supuesto nos encontraríamos ante un aplastamiento mecánico. Si como consecuencia del atropello se produce una proyección y la persona se estrella contra un objeto, hablaríamos de un aplastamiento dinámico.

6º) Atropello complejo: Puede decirse que en este tipo de atropello se producen dos contactos entre el peatón y el vehículo. Es la combinación de los tipos de atropello de transporte y de proyección, pero con una velocidad del vehículo mucho mayor. En este caso el peatón al quedar tendido en el pavimento, pudiendo incluso ser arrollado por el propio vehículo que produce el atropello.

El peatón puede sufrir en el momento del atropello un transporte, para posteriormente se proyectado y sufrir el arrastre sobre el pavimento, pero debido a la velocidad del vehículo o a las condiciones del conductor, el peatón vuelve a ser atropellado por arrastramiento.

Desde un punto de vista práctico y objeto de este estudio los atropellos en los que aplicaremos el método que describiremos para la corrección de la distancia de proyección se incardinan en los tres primeros supuestos, que además son los que con una elevadísima frecuencia nos encontraremos en casco urbano.

- Secuencias en los atropellos.

Es en este punto donde entran en juego los diferentes conceptos científicos que hemos tratado así como las energías descritas, las Leyes de Newton, la elasticidad de los cuerpos. Y donde se pueden distinguir las siguientes secuencias dentro del propio atropello:

a) acercamiento: cuando el vehículo vuelve a tener el segundo contacto con el peatón que se encuentra en el pavimento.

b) arrastramiento: se produce cuando la víctima es arrastrada durante varios metros, por los bajos del vehículo.

c) compresión: Es el paso de al menos una de las ruedas por el cuerpo del peatón. Si se trata de un vehículo ligero se realiza un sobrepaso, pero si se trata de un vehículo pesado, este sobrepaso queda sustituido por un aplastamiento.

d) aplastamiento: en el arrastramiento, el cuerpo del peatón puede ser aplastado por las partes bajas del vehículo, o por cualquier otro objeto existente en la vía.

El agente de la autoridad debe conocer estas secuencias para buscar sobre la carrocería posibles roces, restos de sangre, tejido epitelial o restos de ropa. Si se ha producido la rotura del parabrisas, habrá que examinarlo detenidamente, por si encontramos entre las partículas del cristal laminado restos de cabellos.

En la siguiente fotografía se puede observar restos de cabellos de un conductor de VMP atropellado por un turismo:

Fotografía de restos de cabellos tras impacto en parabrisas (atestado 1209/2022)

Igualmente deberá examinar los bajos del vehículo así como los neumáticos o llantas, por si existieran indicios de haberse producido un atropello complejo. La colocación de los testigos métricos en estas fotografías de detalle es algo fundamental.

Esta información se recoge al objeto de acotar o enmarcar la tipología de atropello a la que nos enfrentamos y sirve de igual manera para justificar, en caso necesario, la aplicación del método de corrección de distancia de proyección.

Clases de atropellos frontales según CdG del atropellado.

Las colisiones frontales pueden dividirse en tres subcategorías, desde el punto de vista, de la relación entre la posición relativa del punto de impacto del vehículo y la altura del peatón. Esta relación puede ser establecida en términos de localización del centro de gravedad del (CdG) del peatón y del frontal del vehículo (altura de defensa - capo), y generalmente se clasifican los vehículos en función de la altura de su frontal, entre frontal alto o bajo[4].

Diferenciamos, según la relación entre estas dos variables, tres subcategorías de atropellos con la parte delantera del vehículo (atropellos frontales) y que varían en función de donde se sitúe el frontal del vehículo que golpea con el CdG del atropellado; por debajo, parte media o por encima.

1 - los que el CdG está por debajo.

Encontramos en este supuesto a las colisiones que más habitualmente implican a niños pequeños y turismos, aunque también pueden darse casos en los supuestos de atropellos de personas de baja estatura por parte de vehículos pesados o de frontal muy alto. Como supuestos anómalos se incluirían también los supuestos de peatones sentados o medio tumbados al ser atropellados por vehículos normales.

---

[4]   Estudios relativamente recientes han demostrado que en vehículo de frontal alto no hay discrepancias reseñables entre cálculos clásicos y los más modernos métodos de análisis. Thomas F. Fugger, Jr., Bryan C. Randles and Jesse L. Wobrock Jerry J. Eubanks: Pedestrian Throw Kinematics in Forward Projection Collisions. Conference Paper DOI: 10.4271/2002.

El contacto inicial con el parachoques y el frontal del vehículo es por encima de la cintura, a la altura de la parte superior del cuerpo del peatón, los brazos y la cabeza. El impacto proyecta la parte superior del cuerpo del peatón a la misma velocidad que el vehículo, mientras las piernas se encuentran momentáneamente sometidas a la inercia. El movimiento resultante es una rotación del peatón hacia abajo y hacia la superficie de la calzada.

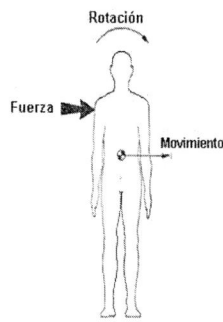

2- aquellos en los que el CdG está entre la parte media o mitad.

En esta subcategoría el impacto, que ahora pasa a través del centro de gravedad, acelera el cuerpo completo de la victima a la velocidad del vehículo que lo golpea, y esencialmente lo proyecta hacia delante en un vuelo horizontal. En este tipo de colisión, son la pelvis, el abdomen y la parte superior del torso del peatón, las partes inicialmente golpeadas por el vehículo y las que sufren las correspondientes lesiones.

Cuando se encuentran implicados vehículos pesados, el frontal del vehículo puede ser lo suficientemente alto para que la cabeza resulte golpeada, también, en este primer impacto. En los supuestos más comunes, la parte superior del frontal del vehículo esta por debajo del nivel de la cabeza, y este primer impacto produce un efecto de pivote en la cabeza que se dirige con la cara hacia abajo golpeando la superficie del capó o del cristal del parabrisas.

Si el vehículo frena después del impacto, generalmente no golpeará de nuevo al peatón, y cuya posición final estará delante de la posición final del vehículo. Sin embargo, se producirán nuevas lesiones cuando la víctima golpee el suelo y rebote, deslice o ruede.

3 - aquellos en los que el CdG está por encima.

En este subtipo de colisión, las piernas del peatón son generalmente golpeadas hacia el aire, mientras que el torso, la parte superior del cuerpo, y la cabeza son lanzados girando hacia abajo al encuentro de la parte superior del capó del vehículo y el parabrisas.

Finalmente indicar que para un vehículo existen otras posibles formas de atropellar a un peatón, que no entraremos a valorar y que entre otras tantas que podrían ser: desmembramiento del cuerpo o de alguna de sus partes, arrollamiento, arrastre, transporte y aplastamiento total o parcial, etc.

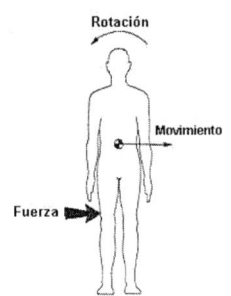

Clasificación de atropellos según Ravani.

Ravani[5], estableció las cinco tipologías diferentes de atropello, donde se pueden incluir más del 80% de los mismos, según sus datos tras analizar 300 atropellos reales. En función de la posición del CdG y el frontal del vehículo, las primeras dos subcategorías de colisiones frontales se corresponden con la proyección hacia delante, mientras que la tercera categoría (altura de CdG más alta que el frontal del vehículo) da origen a otras cuatro tipologías, en total los cinco tipos de atropellos diferentes y clásicamente aceptados:

- Proyección hacia delante (forward projection).

- Volteo sobre la aleta (Fender Vault).

- Trayectoria de Envolvimiento (Wrap Projection).

- Volteo sobre el techo (Roof Vault).

- Salto Mortal (Somersault).

Y arrojó unos datos importantes sobre la frecuencia de cada tipología:

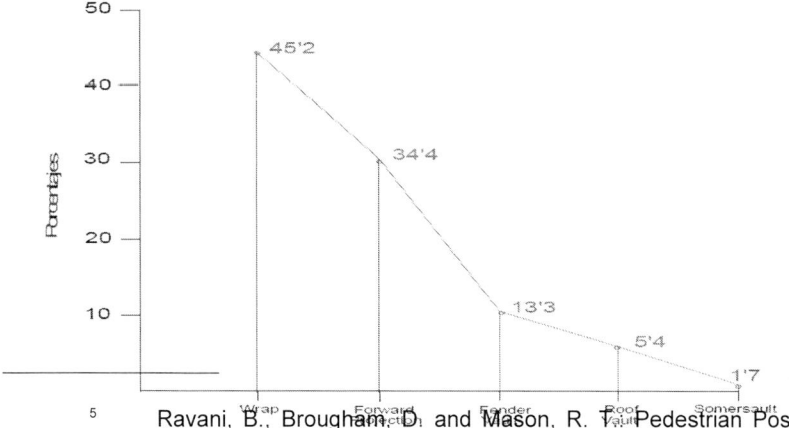

5   Ravani, B., Brougham, D. and Mason, R. Pedestrian Post-Impact Kinematics and Injury Patterns, SAE Technical Paper No. 811024, 1981.

De tal modo que estamos en una situación donde, según Ravani el 80% de los atropellos que ocurren (valor extraordinariamente alto y que abarca un porcentaje altísimo de la casuística real, y sobre todo en los ocurridos en casco urbano), se pueden catalogar como de envolvimiento (wrap proyection) o proyección hacia adelante (forward projection).

De tal forma que el método de cálculo de velocidades que emplearemos es el que es pacíficamente aceptado por los investigadores de accidentes de tráfico para estas dos tipologías de atropellos; el método de Appel-Serle corregido.

– BLOQUE 2: Aplicación del conocimiento.

C - Cálculo: El método de Appel-Searle (corregido).

Searle partió de la consideración que un peatón al ser atropellado describe el mismo movimiento que una partícula ideal al ser lanzada a una determinada velocidad y con un ángulo determinado de salida, lo que se conoce en física clásica como tiro parabólico.

De tal forma que dicha trayectoria parabólica descrita por una partícula, o cuerpo considerado como partícula, que se mueve bajo la acción de la fuerza gravitatoria se representa en la siguiente figura:

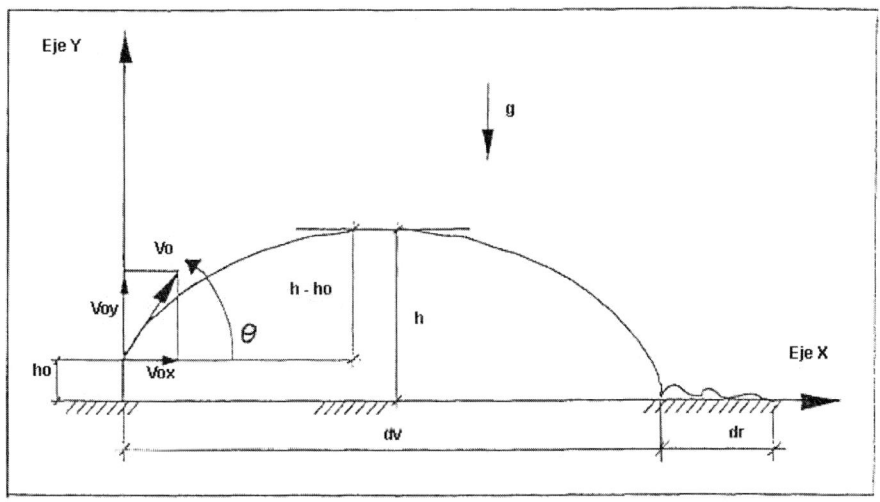

En dicha figura podemos observar que los ángulos y fuerzas que actúan sobre el peatón. Cada una de estas fuerzas las podemos descomponer es sus dos componentes f_x y f_y.

SEARLE, determinó la velocidad de proyección de peatones y ciclistas envueltos en accidentes. Su trabajo se refirió a una determinación de la velocidad de proyección del peatón en una horquilla de velocidades, estableciendo un límite superior o velocidad máxima y otro inferior o de velocidad mínima, aplicando para ello tres fórmulas:

1. En su primera fórmula:

$$V_{P.MÍNIMA} = \sqrt{\frac{2 \bullet \mu \bullet g \bullet (D - \mu \bullet H)}{\cos\theta + \mu \bullet sen\theta}}$$

Siendo:

- V_p la velocidad de proyección del peatón

- D la distancia de proyección del peatón en metros

- H la altura del CdG del peatón en metros

- θ el ángulo de proyección del peatón post-impacto

- μ el coeficiente de rozamiento de peatón/suelo.

Como el ángulo de proyección se desconoce en un principio, mediante la derivación de la velocidad respecto al ángulo e igualando a cero, se obtiene el ángulo de salida para el cual se alcanzará la distancia D, partiendo de una velocidad mínima, y llegamos con esta aproximación a que θ = arctg μ.

2. De esta forma se establece la segunda fórmula:

$$V_{P.MÍNIMA} = \sqrt{\frac{2 \bullet \mu \bullet g \bullet (D - \mu \bullet H)}{1 + \mu^2}}$$

Esta ecuación nos da la velocidad mínima a la que debió proyectarse el peatón, para desplazarlo la distancia D, suponiendo que en el impacto hubiese salido proyectado con el ángulo óptimo de lanzamiento para un tiro parabólico ideal.

3. La tercera fórmula establece la velocidad de proyección máxima:

$$V_{P.Máxima} = \sqrt{2 \bullet \mu \bullet g \bullet (D - \mu \bullet H)}$$

Aplicando las dos últimas ecuaciones podremos obtener un intervalo máximo y mínimo de velocidades a las que salió proyectado el peatón. El método se aplica a atropellos de peatones con trayectorias de tipo envolvimiento (Wrap) o proyección con envolvimiento, y aplicando este método de cálculo podemos determinar la velocidad de proyección del peatón en una horquilla determinada: Velocidad de proyección entre V_{min} y V_{max}.

Para ello es necesario conocer la distancia de proyección (D), la altura del CDG del peatón (H) y el coeficiente de rozamiento (μ).

En este modelo se tienen en cuenta los golpes y rebotes que sufre la partícula contra el suelo y por eso se lo denomina "caída, rebote y deslizamiento".

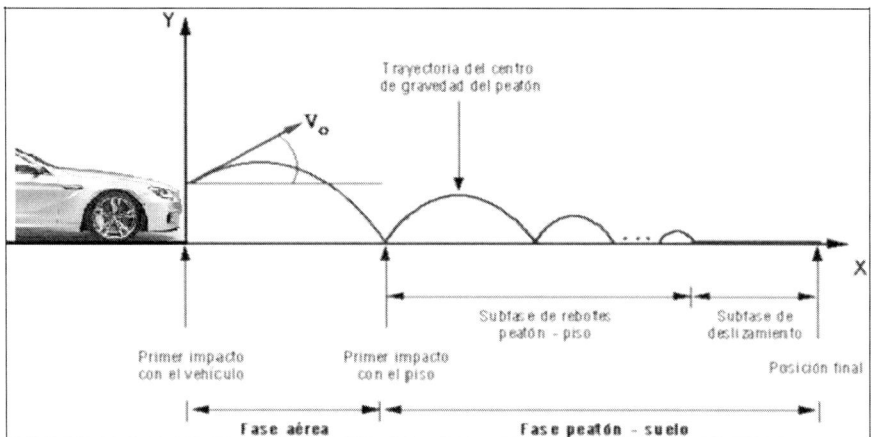

- Correcciones que realiza Searle.

Realiza tres posibles correcciones a esta velocidad de proyección:

1. Suponiendo que la persona atropellada rueda sobre el pavimento en lugar de deslizarse sobre la misma, y que modula V_p en función del μ empleado.

Valor de μ	0.1	0.2	0.3	0.4	0.5	0.6	0.7	0.8	0.9	1.0
Reducción	0.4	1.5	2.8	3.9	4.6	4.9	4.8	4.3	3.5	2.5

2. Cambios en coeficiente de rozamiento por la pendiente de la vía. En estos casos se emplea un μ corregido:

$$\mu = \mu \pm m$$

Experimentos han demostrado que esta correlación con la pendiente de la vía es válida hasta pendientes de $\pm$ 20%.

Es comúnmente aceptado que el μ del peatón se tome con los siguientes valores:

   - Asfalto seco o mojado: 0.66 - 0.7

   - Césped - tierra seca o mojada: 0.79

3. Eficacia de proyección. Punto que trataremos con mayor profundidad en el siguiente epígrafe.

- Velocidad del Vehículo: Eficacia de Proyección.

Searle, en su estudio, observa que la velocidad de proyección del peatón es menor que la de impacto del vehículo, incluso tras tener en cuenta las correcciones anteriores. Para compatibilizar ambos datos (los teóricos con sus datos empíricos) introduce un parámetro que denomina Eficacia de Proyección.

Esto es razonable dado que en la realidad parte de la energía del choque se consume en rozamiento o fricción, disipación de energía en forma de calor, deformaciones plásticas y elásticas de las unidades involucradas en el atropello, etc.... Y donde:

$$E_p = V_p / V_v$$

Y concluye con la siguiente tabla de correlación entre velocidad de proyección y velocidad del vehículo en el momento del impacto:

		Eficacia proyección	V_v (velocidad del vehículo)
Vehículo frontal bajo	Adulto	64%	V_p x 1.5625
	Niño	72.7%	V_p x 1.1356
Vehículo frontal alto	Adulto	74.4%	V_p x 1.1344
	Niño	83.1%	V_p x 1.2034

- **Consideraciones finales sobre el método.**

Los métodos de cálculo que emplean los peritos investigadores o agentes de la autoridad que realizan el atestado están fuertemente influenciados, como todos los accidentes de tráfico, por los datos que se recogen en el lugar del siniestro. Obtener resultados fiables pasa inexcusablemente por realizar una inspección ocular y toma de datos minuciosa, correcta y profesional.

Cuando se carece de estos recursos, o cuando no se tienen detalles y datos precisos del accidente, el método permite por su simplicidad tener una relativamente buena aproximación a la realidad; es por esta razón que debe valorarse y considerarse como un recurso mas que tiene el investigador de accidentes viales para obtener una estimación de la velocidad real del vehículo que interviene en la colisión.

Finalmente debemos entender que todos y cada uno de los accidentes de tráfico en el que se produce un atropello son diferentes, y pueden influir muchas variables. No obstante si el trabajo y el método se realizan correctamente los resultados obtenidos se ajustan muy bien a la realidad, pudiendo determinar con bastante fiabilidad la velocidad de las unidades de tráfico implicadas en un atropello.

D - Análisis y cálculos en atropellos.

Searle partió de la consideración que un peatón al ser atropellado describe el mismo movimiento que una partícula ideal al ser lanzada a una determinada velocidad y con un ángulo determinado de salida, lo que se conoce en física clásica como tiro parabólico.

A mayor abundamiento, Searle en sus cálculos y aproximaciones nada habla de la dirección en la que proyecta el peatón atropellado ya que, realiza la siguiente aproximación:

Un peatón presenta una despreciable, varible de escaso valor, energía cinética, por lo que no la llega a valorar.

¿Que ocurre en el caso de ciclos o VMP? ¿Cómo afecta ese cambio de velocidad a la que se desplaza, que no es otra cosa que energía cinética, en la distancia y línea de proyección?

- Energía cinética de un peatón de 80 kg que se desplaza a 4,5 km/h.

$$E_c = \tfrac{1}{2} m\, v^2 \quad E_c = (80 \times 1{,}25^2) / 2 = 62{,}5\ Kj$$

- Energía cinética de un VMP o ciclo de 80 kg que se desplaza a 22,5 km/h.

$$E_c = \tfrac{1}{2} m\, v^2 \quad E_c = (80 \times 6{,}25^2) / 2 = 1562{,}5\ Kj$$

Como podemos observar **la velocidad del ciclo aumenta 5 veces en m/s ó km/h mientras que la energía cinética resultante se multiplica por 25,** obedeciendo a su relación cuadrática en la ecuación. Razón que justifica un tratamiento diferente y que pasaremos a valorar. Volviendo a recordar que esta es la aportación de este estudio.

- Atropello a peatón, diferencia con atropello a ciclos-VMP.

Los métodos de cálculo expuestos en apartados anteriores son válidos en la tipologías de atropellos que abordamos y con la secuencia de cálculos que se han utilizado. Debido a que en los cálculos semiempíricos de Appel-Searle dicha variable, la energía cinética del peatón, se incluye en dicha aproximación, bien por estar parado o por realizar la aproximación de que la poca velocidad, energía cinética, tiene escasa relevancia en los cálculos y en la dirección en la que sale proyectado.

En el caso de atropellos a ciclos o VMP, el notable aumento en la energía cinética de la unidad atropellada se traduce en una proyección en diagonal y que produce una mayor distancia de proyección y que obviamente se traduce en un error en el cálculo de la velocidad del turismo que atropella.

A modo de explicación se traduce en que en un triángulo rectángulo en el lugar del siniestro medimos la hipotenusa cuando debiéramos medir el cateto contiguo según el ángulo de proyección (ver figura de pag. 4 y pag. 24).

Esta diferencia pasamos a tratarla en el siguiente croquis en el que podemos observar como desde un mismo hipotético punto de conflicto un peatón es proyectado por una furgoneta que circula a una determinada velocidad 10.36 metros, mientras que esa misma furgoneta a esa misma velocidad proyecta al conductor de un ciclo-VMP que circula a 20 km/h a 11.88 metros.

En definitiva medir la distancia de proyección sin realizar el ajuste o corrección ,que se expone y justifica en este estudio, lo que finalmente produce es un aumento de distancia de proyección de 1,24 metros y que se traduce en realizar un cálculo de velocidad erróneo y por encima de la velocidad real que llevaba la unidad de tráfico involucrada en el siniestro.

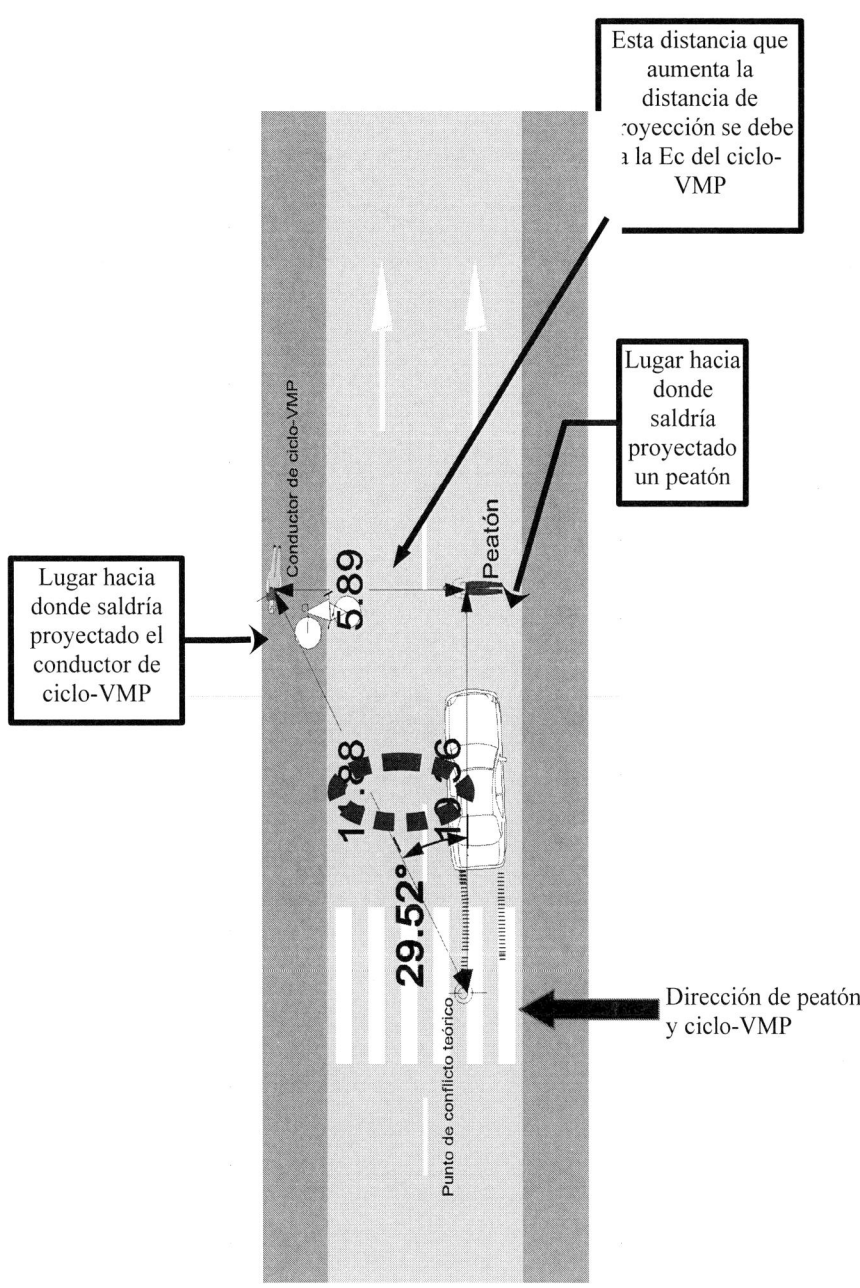

Esta distancia que aumenta la distancia de proyección se debe a la Ec del ciclo-VMP

Lugar hacia donde saldría proyectado un peatón

Lugar hacia donde saldría proyectado el conductor de ciclo-VMP

Dirección de peatón y ciclo-VMP

Conductor de ciclo-VMP

5.89

Peatón

1.88

10.36

29.52°

Punto de conflicto teórico

- Atropello a ciclo - VMP.

En este caso particular, y que es una casuística al alza debido al incremento de uso de otros medios de transporte dentro del casco urbano (VMP y ciclos), es necesario recurrir previamente a los cálculos de velocidades en función de la distancia de proyección a realizar una corrección de esa distancia de proyección, ya que como hemos demostrado la Ec del ciclo-VMP influye en la distancia a la que se proyecta (croquis anterior).

Para realizar estas correcciones nos debemos basar el las razones trigonométricas anteriormente tratadas y que nos servirán para abordar el problema, aislando la componente normal respecto de la dirección del vehículo que no nos interesa y que nada tiene que ver con la transferencia de energía del vehículo hacia el ciclo-VMP y posterior proyección hacia adelante. La desviación desde esa linea de transferencia, que es la normal con la dirección del vehículo, se debe como hemos demostrado a la Ec del ciclo-VMP.

Para ello podríamos realizar la corrección mediante dos métodos partiendo de la anterior imagen:

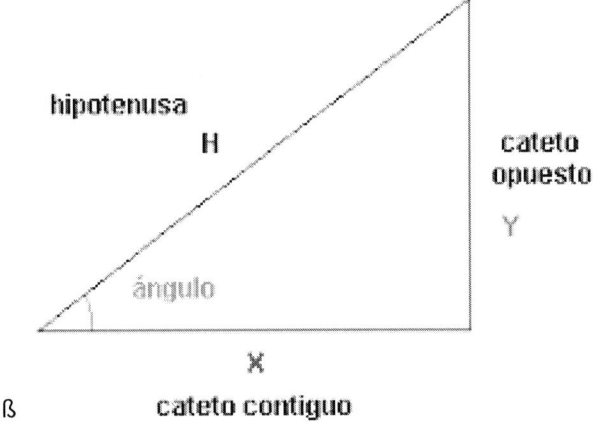

donde:

H = 11,88 (distancia de proyección)

X = 10,36

Y = 5,89

ángulo = 29,52° (angulo que forman la linea de proyección real
con la dirección del vehículo)

En la siguiente imagen se aisla el problema y se dejan los datos que realmente nos interesan. De tal forma quedaría así:

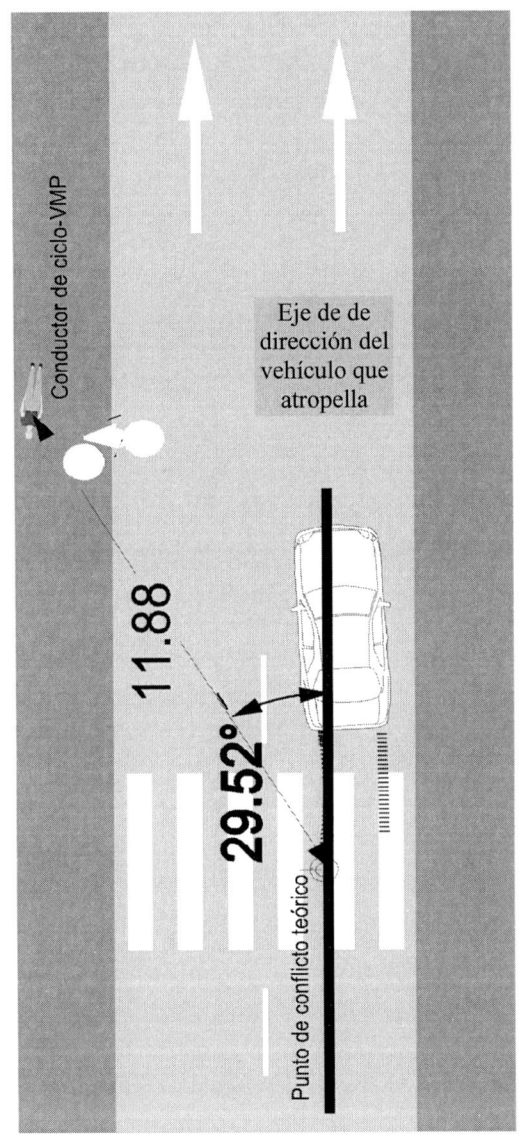

Conductor de ciclo-VMP

Eje de de
dirección del
vehículo que
atropella

11.88

29.52°

Punto de conflicto teórico

¿Cómo corregir la distancia,? Resolución del problema.

Así tendríamos dos formas de resolver el problema y hacer la corrección de la distancia de proyección del conductor del VMP-ciclo, para tener la distancia a la que se proyectó solo por la transferencia de energía del automovil y no de la energía cinética o velocidad a la que circulaba el VMP.

1. Resolución mediante el Teorema de Pitágoras:

$$H^2 = X^2 + Y^2$$

2. Resolución mediante razones trigonométricas (cálculo en la práctica más sencillo y fiable):

$$\cos ß = X/H$$

$$\operatorname{sen} ß = Y/H$$

$$\operatorname{tg} ß = Y/X$$

De tal forma que partiendo del croquis anterior y solo conociendo la verdadera distancia de proyección así como el ángulo[6] que forma la linea de proyección con la línea de dirección del vehículo, podríamos calcular la distancia de proyección corregida para poder aplicar con garantía los métodos de cálculo de velocidad en función de la correcta distancia dc proyccción.

Y decimos correcta ya que la diferencia con la distancia de proyección del peatón se debe a la energía cinética del ciclo-VMP.

_____

[6] *Una herramienta potente, sencilla de usar y que es de código abierto es GEOGEBRA (sitio web: www.geogebra.org) en dicho portal insertando la fotografía que queramos, pudiendo ser de google maps, se pueden calcular distancias, ángulos y muchos otros datos con bastante precisión y fiabilidad.*

Siendo la distancia de proyección corregida:

$\cos 29,52° = X / H$

$X = 11,88 \times \cos 29,52° = 11,88 \times 0,8701 = 10,34$ mts

Conclusiones:

Resultando que con la corrección de distancia que se propone y justifica la distancia de proyección disminuye en 1,54 m (un metro con cincuenta y cuatro centimetros menor).

De tal forma que si no se realizase dicha corrección se estaría realizando un cálculo de velocidad, utilizando el método de Appel-Searle corregido, que arrojaría un dato erróneo y sustancialmente mayor.

- <u>Ejemplo: Análisis y cálculo en caso real, atropello a ciclo.</u>

1. Atropello a ciclo. Atestado 2187/2021 remitido al Juzgado competente para conocimiento de la causa.

Y que en el lugar del accidente se realizó la medida de 12,74 metros de distancia de proyección. Posteriormente mediante el método analítico se mide que el ángulo de proyección, lo que hemos llamado ß, es de 70º.

Aplicando el método de corrección de dicha distancia entendiendo que el alejamiento del eje de proyección de la unidad de tráfico se debe a la propia energía cinética del ciclo atropellado tenemos que:

sen ß = Y/H

y despejando de la ecuación, tenemos que:

Y = H x sen ß

Y = 12,74 x sen 70º = 11.97 metros

Siendo esta distancia corregida de 11.97 metros la que se utiliza para realizar los cálculos posteriores en la aplicación del método de Appel-Searle.

De lo anterior resulta que la distancia de proyección es de 12.74 metros (doce metros con setenta y cuatro centímetros).

Pero la componente que nos determina la proyección debido al propio atropello es según el siguiente esquema:

de donde:

$D_x = 12.74 \times \cos 70° = 4.35\ m$

$D_y = 12.74 \times sen\ 70° = 11.97\ m$

De lo que extraemos que la componente normal es la verdadera distancia de proyección con ocasión del atropello. $D_y = 11.97$ metros

Expresando en la página nº 5 del Informe Técnico-Policial que se remite complementario al atestado 2187/201 lo siguiente:

Para posteriormente en su página nº 7 recoger esa distancia corregida de 0.77 metros menor que la medida en el siniestro para realizar los cálculos de velocidades:

Y se expresa la aplicación del método de Appel-Searle en los Informes Técnico-Policial que se remiten a la autoridad judicial como complementarios de los atestados con Registros nº 063/2021 y nº 485/2021, justificando mediante los cálculos necesarios la corrección en la distancia de proyección corregida obtenida en los cálculos anteriores.

CÁLCULOS ESTIMADOS DE VELOCIDADES.

Para resolver esta cuestión estimaremos un valor mínimo de proyección y luego de impacto utilizando la aproximación o método de Apple-Searle para atropello a peatones, aplicable a nuestro caso por diferencia de masas entre unidades de tráfico implicadas. Que partiendo de la distancia de proyección corregida del ciclista de 11.97 metros:

$$V_{vmin} = \left[(2 \cdot \mu \cdot g(D - \mu(\pm m) \cdot H)) \left| 1 + \mu^2 \right| \right]^{\frac{1}{2}}$$

Donde:

- Distancia de proyección, D_y = 11,97 m
- Coeficiente de rozamiento, μ = 0.7
- Gravedad, g = 9.81 m/s2
- Altura del centro de gravedad del ocupante del ciclo, H = 1,5 m
- Pendiente media en el tramo de vía: m= 0%

V_{vmin} = 10,03 m/s

A esta velocidad obtenida debemos aplicarle el factor de corrección, realizando la aproximación de que el cuerpo de una ser humano tras impactar con el pavimento rueda y no se desliza sobre el mismo, que atendiendo a las tablas utilizadas en este método para un μ de 0.7 es de menos 18% tenemos que la

BIBLIOGRAFÍA.

1. Tratado de Física General. Universidad de Valencia. MARTÍN BRAGA-DO, I. Consultar en: imartin@ele.uva.es, de 12 de febrero de 2003.

2. Sears y Zemansky. Física universitaria. Vol. I. 13ª Edición. ISBN: 978-607-322124-5.

3. Experto Profesional Universitario en Investigación y Reconstrucción de Accidentes de Tráfico. Universidad Politécnica de Valencia. ISBN: 978-84-96796-67-6.

4. Revista digital de DGT nº 241 de 2017.

   https://revista.dgt.es/revista/num241/mobile/index.html#p=8.

5. Pedestrian and Cyclist Impact: A Biomechanical Perspective. Ciaran Simms, Denis Wood. ISBN: 968-90-481-2742-9. Springer 2009.

6. Accidentes de tráfico "reconstrucción". HIDALGO LÓPEZ, F.J. Departamente de Ingeniería mecánica y de los materiales. Universidad de Sevilla. 2005.

7. Thomas F. Fugger, Jr., Bryan C. Randles and Jesse L. Wobrock Jerry J. Eubanks: Pedestrian Throw Kinematics in Forward Projection Collisions. Conference Paper DOI: 10.4271/2002.

8. Simulación de un atropello mediante LS-DYNA. GÁLVEZ ROMAN,R. 2011. Universidad Carlos III.

9. El diseño de una base de datos de investigaciones en profundidad sobre atropellos a peatones. Tesis doctoral CAMPÓN DOMINGUEZ, J.A. 2016.

10. Ravani, B., Brougham, D. and Mason, R. T.: Pedestrian Post-Impact Kinematics and Injury Patterns, SAE Technical Paper No. 811024, 1981.

11. Comparison of several methods for real pedestrian accident reconstruction. Jean-Philippe Depriester. Institut de recherche criminelle de la gendarmerie nationale - IRCGN. Christophe Perrin, Thierry Serre, Sophie Chlandon. Institut National de Recherche sur le Transports et leur Sécurité – INRETS.

12. Manual de Criminalística para Policía Judicial. Secretaría General Técnica del Ministerio del Interior. Depósito legal: M 18058-2017, NIPO (en línea): 126-17-012-7.

13. Real accidents involving vulnerable road users: in-depth investigation, numerical simulation and experimental reconstitution with PMHS. T. Serre, C. Masson, C. Perrin, S. Chalandon, M. Llari, C. Cavallero, M. Py, D. Cesari.

14. Modelo secuencial de eventos de un siniestro (Método MOSES). CAMPÓN DOMINGUEZ, J.A. 2009.

15. Manual de reconstrucción de siniestros viales. CUGC - Centro Universitario de la Guardia Civil. Abril 2020.

16. Accidentología vial y pericia. IRURETA, Víctor A. 2003. Ediciones La Rocca, ISBN: 987-517-057-7.

17. Contenido del ESTT - OEP 2013 Grupo de Materias Comunes de Movilidad Segura.

18. El diseño de una base de datos de investigaciones en profundidad sobre atropellos a peatones. CAMPON DOMINGUEZ, J.A. Universidad Carlos III de Madrid.

19. Lechner, D. La reconstitution cinematique des accidents. Rapport IN-RETS nº 21. ISBN 2-85782-164-6.

20. Estudio de revisión y síntesis de protocolos de recogida de datos en

21. investigaciones en profundidad de accidentes de tráfico en el marco del proyecto europeo DaCoTA. Obsevatorio Nacional de Seguridad Vial. Dirección General de Tráfico. 2011.

22. Atestados instruidos por atropellos en casco urbano de Policía Local con números: 063/2021, 485/2021, 2187/2021 y 1209/2022.

----- Anotaciones para el lector -----